# Das natürliche Maßsystem

Kritische Untersuchung der Grundlagen zur Aufstellung eines universellen Maßsystems für Physik und Technik

Von

Dipl. Ing., Dr. techn. **G. Oberdorfer**
o. Professor an der Technischen Hochschule Graz

Mit 2 Ausschlagtafeln

Springer-Verlag Wien GmbH

ISBN 978-3-7091-3571-6     ISBN 978-3-7091-3570-9 (eBook)
DOI 10.1007/978-3-7091-3570-9

**Alle Rechte, insbesondere das der Übersetzung in fremde Sprachen, vorbehalten**

# Vorwort

Die Maßsystemfrage ist nicht nur für den Studierenden eine große Erschwerung oder Erleichterung für das Verständnis, je nachdem, ob sie der physikalischen Anschauung entgegenkommt oder ihr widerspricht, sondern sie hat eine wesentliche praktische Bedeutung auf dem Gebiet des Messens in der gesamten Physik und Technik. Daß hiebei irgendetwas nicht stimmt oder zumindest unbefriedigend ist, beweist allein die Tatsache, daß dauernd in nationalen und zwischenstaatlichen Konferenzen an dieser Frage gearbeitet wird, ohne daß es allerdings bis heute zu einem wesentlichen Ergebnis gekommen wäre. Die heutigen Krisenzeiten, die auf allen Gebieten Neuordnungen erforderlich machen, erleichtern vielleicht auch auf diesem Gebiet eine Bereinigung, die das Ergebnis kritischer Untersuchungen wäre und das leidige Problem endlich lösen würde. In diesem Sinne befassen sich auch die meisten Länder mit einer Neuordnung ihrer Maßgesetze, einer Neuordnung, die im engsten Zusammenhang zwischen den einzelnen Ländern durchgeführt werden muß, um nicht neuerdings Vielgeleisigkeit eintreten zu lassen. Die Schwierigkeiten der gegenseitigen Verständigung liegen vor allem in einem Mangel an kritischer Grundlage, so daß die Forderungen, die von verschiedenen Seiten — von diesen durchaus berechtigt — aufgestellt, von Anderen falsch verstanden und aus den Bedürfnissen ihres Teilgebietes gesehen, abgelehnt werden. Bei klarer Scheidung dieser Forderungen und ihrer Einreihung in entsprechende, klar erkannte Teildomänen der Maßsysteme lassen sich aber solche oberflächlich gesehen unvereinbare Teilforderungen meistens so unterbringen, daß sie auch gegenseitig nicht stören. Diese klare Zergliederung der Maßsystemprobleme bildet den Inhalt der vorliegenden Schrift, die damit zur Basis von Diskussionen dienen möge, bei denen die Begriffe so klar stehen sollen, daß sie nicht mehr gegenseitig verwechselt werden. Gleichzeitig wird auch ein billigerweise allen bekannten Forderungen entsprechendes Maßsystem vorgeschlagen, das der Verfasser „natürliches Maßsystem" nennen möchte, weil es von den Forderungen des „absoluten Maßsystems" ausgehend, eine natürliche, d. h. zwanglose und folgerichtige Ableitung und Festlegung der Einheiten bringt, die mit ihren „Naturmaßen" an ausgezeichnete Größen der Natur angeknüpft werden.

Das Kapitel über das natürliche Maßsystem in der Wärmelehre ist einer noch nicht veröffentlichten längeren Arbeit von E. Bodea entnommen, der sich seit langem bemüht, das Interesse für die Bereinigung der Wärmeeinheiten in der einschlägigen Fachwelt zu wecken. Herr Bodea konnte, da er sich in Amerika aufhält, nicht selbst das Wort zu diesem Kapitel ergreifen, doch wird auf seine in Kürze erscheinende Schrift (siehe Schrifttumsverzeichnis unter 3.) hingewiesen.

Dem Springer-Verlag sei an dieser Stelle für die rasche Herausgabe der Schrift umsomehr gedankt, als auch der österreichische Normenausschuß eben in Beratungen über die Herausgabe von Normenblättern über Einheiten steht und durch das rechtzeitige Erscheinen der Schrift langwieriger Vorarbeiten enthoben wurde.

Januar 1949.

Der Verfasser.

# Inhaltsverzeichnis

§ 1 Das Maßsystemproblem . . . . . . . . . . . . . . . . . . 1
§ 2 Grundlegende Begriffe zur Beurteilung und Aufstellung
    von Maßsystemen . . . . . . . . . . . . . . . . . . . . . 3
   § 21 Größen und Größengleichungen . . . . . . . . . . . . . 3
   § 22 Dimensionen und Einheiten . . . . . . . . . . . . . . . 5
   § 23 Grundbegriffe und abgeleitete Begriffe . . . . . . . . . 6
   § 24 Proportionalitäten und Definitionen . . . . . . . . . . 7
   § 25 Anzahl der Grundbegriffe . . . . . . . . . . . . . . . . 8
   § 26 Unter- und überbestimmte Systeme . . . . . . . . . . . 11
   § 27 Kohärente Einheiten . . . . . . . . . . . . . . . . . . . 13
   § 28 Naturmaße, Urmaße, Etalons . . . . . . . . . . . . . . 14
   § 29 Genauere Festlegung der Forderungen an ein befriedigendes
       Maßsystem . . . . . . . . . . . . . . . . . . . . . . . . 15
§ 3 Das natürliche Maßsystem . . . . . . . . . . . . . . . . . 16
   § 31 Das natürliche Maßsystem in der Mechanik . . . . . . . . 16
   § 32 Das natürliche Maßsystem in der Elektromagnetik . . . . 17
   § 33 Das natürliche Maßsystem in der Wärmelehre . . . . . . 19
§ 4 Andere Maßsysteme in der Elektromagnetik . . . . . . . . 25
   § 41 Allgemeines . . . . . . . . . . . . . . . . . . . . . . . 25
   § 42 Das elektrostatische Maßsystem . . . . . . . . . . . . . 26
   § 43 Das elektromagnetische Maßsystem . . . . . . . . . . . . 26
   § 44 Das Gaußsche Maßsystem . . . . . . . . . . . . . . . . . 27
§ 5 Rationalisierung . . . . . . . . . . . . . . . . . . . . . 27
§ 6 Übliche nichtkohärente Einheiten . . . . . . . . . . . . 28
Sachverzeichnis . . . . . . . . . . . . . . . . . . . . . . . 33
Schrifttum . . . . . . . . . . . . . . . . . . . . . . . . . . 32

## § 1  Das Maßsystemproblem

Existiert überhaupt ein Maßsystemproblem? Man könnte zunächst meinen, wenn es bisher mit den gebräuchlichen Maßen und Einheiten ging, dann kann es doch grundsätzlich an nichts fehlen und es sich doch höchstens um die Beseitigung gewisser Schönheitsfehler handeln. Gegen diese noch immer weit verbreitete Ansicht muß einmal der Mut aufgebracht werden, den Fragenkomplex auch auf die Gefahr einer notwendigen Umstellung aus altgewohnter Fahrbahn kritisch durchzugehen und jene Korrekturen vorzunehmen, die nach heutiger physikalischer Erkenntnis vorgenommen werden müssen. Die Tatsache, daß die bestehenden „alten" Systeme in historischer Entwicklung ihren Dienst, so gut sie es eben konnten, getan haben, darf nicht dazu führen, an ihnen kleben zu bleiben, obwohl man erkannt hat, daß sie nicht nur veraltet, sondern falsch sind. Immer wieder werden dadurch auch irrige Ansichten in die physikalische Erkenntnis getragen und vor allem auch dem Studierenden das Verstehen der physikalischen Grundlagen außerordentlich erschwert. Natürlich ergibt die Umstellung auf ein neues System auch wieder Schwierigkeiten bei der Befragung des älteren Schrifttums, aber hätte man deshalb auch einstens das metrische System nicht einführen sollen? Dabei hinkt der Vergleich aber noch, da die Einführung des metrischen Systems lediglich einem praktischen Bedürfnis entgegenkam, während die Korrektur der bestehenden Maßsysteme eine grundsätzliche physikalische Richtigstellung bedeutet.

Daß es in dieser Frage bisher noch zu keiner Einigung kommen konnte, liegt vor allem daran, daß das Problem nur von wenigen Fachleuten richtig erkannt wird. Die an ein Maßsystem gestellten

Forderungen sind so vielfältiger Natur, daß die meisten Kritiker nur die eine oder die andere Seite beanstanden und Forderungen stellen, die, von einem anderen technischen oder physikalischen Betätigungsfeld gesehen, nicht angenommen werden können.

So verlangt zum Beispiel der Physiker, daß er seine Größen möglichst physikalisch richtig darstellen kann, daß in der Sprache der Formelschrift und zahlenmäßigen Auswertung der physikalische Charakter der Größen — gegebenenfalls auch unter Zurückstellung praktischer Auswertungserfordernisse — möglichst klar zum Ausdruck kommt. Es sollte zumindest das sein Bestreben sein, denn die physikalische Klarheit und Durchsichtigkeit ist erste Voraussetzung für die ersprießliche technische Anwendung und Auswertung.

Das Bestreben des Technikers ist demgegenüber ganz anders gerichtet. Er will bequem und leicht messen können und handliche Einheiten benützen. Sollen diese allen Genauigkeitsansprüchen entsprechen, dann müssen sie von Maßnormalen abgeleitet werden, die mit einem Maximum an Präzision dargestellt werden. Die Eichbehörden, denen diese Darstellung obliegt, müssen dafür solche Grundmaße fordern, die nach den heutigen physikalischen Methoden diese höchste Darstellungspräzision ermöglichen. Das sind unter Umständen Größen — zum Beispiel die Induktionskonstante —, die für die praktische Meßtechnik des Ingenieurs unhandlich sind und die dieser daher als Einheit ablehnen muß.

Kennt man aber die Teilerfordernisse und beurteilt man sie nach den Bedürfnissen der Gebiete, die sie stellen, dann kommt man zum Ergebnis, daß ein modernes Maßsystem eben mehrere Seiten aufweisen muß und daß die Diskussion einer Forderung nur in dem zugehörigen Teilproblem Platz hat, einer Forderung, die möglicherweise in den anderen Teilproblemen unannehmbar sein kann. Man kommt damit — wie sich aus dem Späteren von selbst ergeben wird — zwangsläufig zu einer Dreiteilung des Maßsystemproblemes in
    ein Dimensionenproblem,
    ein Einheitenproblem und
    ein Problem der Naturmaße.

Eine genauere Definition dieser Teilprobleme erfolgt in den nächsten Abschnitten.

## § 2 Grundlegende Begriffe zur Beurteilung und Aufstellung von Maßsystemen

### § 21 Größen und Größengleichungen

Die in der Natur auftretenden, die menschlichen Sinne affizierenden Erscheinungen werden vom Menschen nicht nur in direkter Anwendung ausgenützt, sondern vermöge seiner geistigen Fähigkeiten des Verbindens und Schließens zur Aufbewahrung erhaltener Erfahrungen und Vorausberechnung entstehender Folgen vorhandener oder zu treffender Verknüpfungen verwertet. Dazu bedient sich der Mensch der seiner geistigen Konstitution bevorzugt zugänglichen Sprache, der Mathematik. Nach den logischen und mathematischen Zuordnungsgesetzen lassen sich dann die physikalischen Erscheinungen durch Buchstabensymbole darstellen, die physikalische Größen oder kurz **Größen** genannt werden und aus zwei Faktoren, der **Maßzahl** und der **Einheit**, bestehen (1). Jede (physikalische) Größe, dargestellt durch einen Buchstaben $G$, ist also stets das Produkt

$$G = G^+ \cdot (G)$$

aus einer Maßzahl $G^+$ und einer Einheit $(G)$.

Die Länge L einer Strecke ist also beispielsweise das Produkt aus der Maßzahl 5 und der Einheit Meter (m) — oder der Maßzahl 500 und der Einheit Zentimeter (cm) — oder der Maßzahl 16,4 und der Einheit engl. Fuß usw.

Dabei ist die Einheit ein in seiner Ausdehnung passend gewähltes Exemplar aus der Gesamtheit der betrachteten, gleichartigen physikalischen Erscheinungen, das eine bequeme Messung der übrigen Erscheinungen, das ist einen Vergleich ihrer Ausdehnung (im allgemeinsten Sinne des Wortes) ermöglicht.

Für eine und dieselbe Größe ist der sie kennzeichnende Buchstabe $G$ hinreichendes und eindeutiges Symbol, die Maßzahl $G^+$ hängt dagegen von der Wahl der Einheit $(G)$ — die zunächst frei wählbar angenommen werden möge — ab. Es ist dann allgemein

$$G = G_1^+ \cdot (G)_1 = G_2^+ \cdot (G)_2 = \ldots$$

Im obigen Beispiel ist

$$L = 5 \text{ m} = 500 \text{ cm} = 16,4 \text{ engl. Fuß} = \ldots$$

Gleichungen, in denen Größen miteinander verknüpft sind, heißen **Größengleichungen**. Eine Beziehung lediglich zwischen Maßzahlen nennt man **Maßzahlgleichung**, eine solche zwischen Einheiten **Einheitengleichungen**.
Eine einmal richtig aufgestellte Größengleichung behält ihre Form bei, unabhängig von dem gewählten Maßsystem, da gegebenenfalls darin bei der zahlenmäßigen Auswertung vorkommende, unbequeme Einheiten durch Einheitengleichungen mühelos umgeformt werden können.
So ergibt die Größengleichung

$$s = \frac{b}{2} t^2$$

bei der Auswertung mit beispielsweise

$$b = 4 \text{ m s}^{-2} \text{ und } t = 3\text{h}$$

$$s = \frac{4}{2} 9 \text{ m s}^{-2} \text{h}^2,$$

woraus mit den Einheitengleichungen

$$1 \text{ h} = 3600 \text{ s} \quad \text{und} \quad 1 \text{ m} = 10^{-3} \text{ km}$$

$$s = 18 \cdot 3600^2 \text{ m s}^{-2} \text{s}^2 = 233{,}28 \cdot 10^6 \text{m} = 233\,280 \text{ km}.$$

Die Form der Maßzahlgleichung ist dagegen von der Wahl der Einheiten abhängig. Sie erhält je nach den verwendeten Einheiten zusätzliche (parasitäre) Zahlenfaktoren, die das physikalische Erkenntnisbild verschleiern.

In der vorigen Aufgabe ergibt sich zum Beispiel die Maßzahlgleichung

$$s^+ = 6480 \; b^+ t^{+2}$$

für den Weg bei der gleichförmig beschleunigten Bewegung, wenn b in m/s² und t in h eingesetzt und der Weg in km erhalten werden soll.

Da physikalische Verknüpfungsgleichungen und Naturgesetze logischer Weise nur e i n e Form haben können, die ihrem physikalischen Sinn gerecht wird, sollte man grundsätzlich nur Größengleichungen schreiben. Ist ausnahmsweise eine Maßzahlgleichung vorzuziehen, dann soll diese besonders gekennzeichnet werden, wie das im obigen Beispiel durch Setzen der Sternchen an den Buchstabensymbolen auch geschehen ist.

## § 22 Dimensionen und Einheiten

Läßt man von einer Größe jedwede Ausdehnung unbeachtet, so verbleibt ein Restbegriff, der die wesentliche Eigenschaft der Größe in Kurzform enthält, ähnlich wie die chemischen Buchstabensymbole in den chemischen Gleichungen. Der so erhaltene Begriff wird die D i m e n s i o n der betreffenden Größe genannt. Sie wird dargestellt durch das in eckige Klammern gesetzte Buchstabensymbol der betreffenden Größe.

So bedeuten beispielsweise

[l] die Dimension der „Länge"
[t] „     „     „ „Zeit"
[Q] „     „     „ „Elektrizitätsmenge"

usf.

Dimensionen und Einheiten sind insoferne verwandt, als sie sich beide auf eine Gruppe gleichartiger Größen beziehen. Dabei beschreibt aber die Dimension nur das physikalische Charakteristikum der Größe, während die Einheit noch eine Aussage über deren Ausdehnung macht. Die Dimension ist damit eine Art allgemeiner Einheit mit unbestimmter Ausdehnung, während die Einheit selbst dimensionsbehaftet ist und eine Größe mit der speziellen Maßzahl 1 darstellt.

Gleichungen, die Dimensionen miteinander verknüpfen, heißen D i m e n s i o n e n g l e i c h u n g e n. Aus der Definition der Dimension ergibt sich, daß Dimensionengleichungen niemals Zahlenwerte enthalten können. Des weiteren ist sofort zu erkennen, daß bei Größen- und Einheitengleichungen rechts und links des Gleichheitszeichens dieselben Dimensionen stehen müssen. Das heißt, ersetzt man in solchen Gleichungen die Größen durch ihre Dimensionsausdrücke und läßt man alle Zahlenfaktoren weg, so muß eine richtige Dimensionengleichung entstehen.

Bei Maßzahlgleichungen muß das nicht der Fall sein und wird auch häufig nicht gehandhabt, weil hier oft eine konstante Größe durch ihren Zahlenwert ersetzt wird und daher dimensionsmäßig verschwindet. Man verliert dadurch eine wertvolle Überprüfbarkeit erhaltener Rechenformeln, ein Grund mehr, Maßzahlgleichungen zu vermeiden.

## § 23 Grundbegriffe und abgeleitete Begriffe

Liegt eine Gleichung mit m Größen vor und sind davon m — 1 bekannt, so ist die m-te Größe durch die übrigen bestimmt oder aus ihnen abgeleitet. In einem bestimmten, abgeschlossenen physikalischen Gebiet müssen dann eine bestimmte Mindestanzahl von Größen frei gewählt werden, aus denen dann alle übrigen abgeleitet werden können. Diese Ausgangsgrößen nennt man Grundgrößen.

Insbesondere spricht man in diesem Zusammenhang von den **Grundeinheiten** und **Grunddimensionen**, bzw. den **abgeleiteten Einheiten** und den **abgeleiteten Dimensionen**.

So kann man beispielsweise aus der Größengleichung $v = s/t$ die Dimensionengleichung

$$[v] = [l] [t]^{-1}$$

gewinnen und damit die Dimension der Geschwindigkeit aus den Grunddimensionen Länge und Zeit ableiten. Ob man dann in weiteren Anwendungen die abgeleitete Dimension $[v]$ oder die Form $[l][t]^{-1}$ verwendet, ist noch freibleibend.

Die Wahl der Grundbegriffe, aus denen man alle andern ableiten will, steht zunächst noch frei, ihre Anzahl ist aber nicht beliebig, sondern liegt, wie später gezeigt wird, genau fest.

Dazu ist noch zu fordern, daß die aus einer Gleichung erhaltene Dimension einer Größe dieselbe sein muß als die aus einer anderen Gleichung, in der diese Größe vorkommt, erhaltene Dimension, oder daß, wenn die erhaltenen Dimensionsausdrücke verschieden sind, diese durch Gleichsetzen eine richtige Dimensionengleichung ergeben.

## § 24 Proportionalitäten und Definitionen

Im vorhergehenden Abschnitt wurde die Größe Geschwindigkeit aus den Größen Weg und Zeit willkürlich abgeleitet oder definiert. Der bei vielen Erscheinungen eine selbständige Rolle spielende Quotient aus Länge (Weg) und Zeit wurde als eigene Größe angesehen und neu bezeichnet. Die Dimension der neuen Größe ist dabei gemäß der angeschriebenen Definitionsgleichung aus den Dimensionen der definierenden Größen bestimmt. Solche Gleichungen sollen kurz D e f i n i t i o n e n genannt werden. Definitionen können niemals Naturgesetze darstellen, da sie ja immer nur beliebige, nur zur Vereinfachung der Darstellung gewählte Verknüpfungen bekannter Größen beschreiben. Die in einem physikalischen Gebiet mögliche Anzahl von Definitionsgleichungen ist unbeschränkt, da ja jede Art der Verknüpfung grundsätzlich möglich, wenn auch für den praktischen Gebrauch nicht immer sinnvoll, ist. Definitionen geben daher auch nicht Kunde von neuen, vorher unbekannten physikalischen Größen, sondern sie liefern nur praktische Abkürzungen für die Rechnung.

Ganz anders liegt der Fall bei der Aufzeichnung eines Naturgesetzes. Hier ist keine willkürliche Setzung möglich, sondern die Darstellung nur durch Befragen der Natur in einem Experiment durchführbar. Der Vorgang ist dabei immer der, daß das gegenseitige Verhältnis der in das Gesetz offenbar eingehenden Größen ermittelt wird, d. h., es kann lediglich festgestellt werden, daß die eine Größe dem Quadrat oder dem Kehrwert oder einer anderen Funktion der zweiten oder der anderen Größen verhältnisgleich ist. Dabei liegt das Schwergewicht immer auf dem Wort verhältnisgleich; es muß also i m m e r noch ein Proportionalitätsfaktor gesetzt werden. Diese Gleichungen sollen P r o p o r t i o n a l i t ä t e n heißen.

Es stehen jetzt rechts und links vom Gleichheitszeichen lauter bekannte Größen bekannter Dimension zuzüglich eines Proportionalitätsfaktors, dessen Bedeutung erst untersucht werden muß. Sicher ist, daß der Proportionalitätsfaktor mit einer Dimension behaftet sein muß, also selbst eine Größe und nicht etwa bloß ein Zahlenfaktor ist. Es stehen ja im allgemeinen rechts und links vom Gleichheitszeichen Größen verschiedener Dimensionen (z. B. im Gravitationsgesetz links die Dimension [P] einer Kraft, rechts der Dimensionsausdruck $[m]^2 [l]^{-2}$). Der Proportionalitätsfaktor muß also zunächst diese Dimensionsverschiedenheit ausgleichen( im Gravitationsgesetz die Gravitationskonstante mit der Dimension $[P] [m]^{-2} [l]^2$). Er wird, da er ja auch einen konstanten Wert hat, zu einer echten **Naturkonstanten**.

Nur Proportionalitäten können also Naturgesetze darstellen; sie enthalten **immer** eine dimensionsbehaftete Naturkonstante.

## § 25 Anzahl der Grundbegriffe

Aus jeder Gleichung eines abgeschlossenen Gebietes läßt sich **eine** Größe ermitteln, wenn die anderen bekannt sind. Ist die Gleichung eine Definition, so wird mit ihr die neu definierte Größe bestimmt. Das gibt keinen grundsätzlichen Gewinn für die Erkenntnis der wesentlichen Größen des Gebietes. Anders bei den Proportionalitäten. Hier wird eine der wesentlichen Größen — und nicht etwa eine von außen eingeführte, neu definierte Größe — aus den bekannten Größen abgeleitet. Es müssen dann aber alle Größen der Proportionalität bekannt sein. Jede Proportionalität ermöglicht also die Ableitung **einer** Größe. Wird das Gebiet von n voneinander unabhängigen **Naturgesetzen** beschrieben, so können demgemäß insgesamt n Größen aus den übrigen bestimmt werden. Sind aber zusammen m Größen vorhanden, dann müssen zur Beschreibung des Gebietes m — n Größen bekannt sein. Mit anderen Worten, es müssen m — n Größen als Grundgrößen (Grunddimensionen, Grundeinheiten) gewählt werden. Jede Abweichung hiervon nach oben oder unten muß notwendigerweise zu Unzulänglichkeiten führen.

Es könnte natürlich vorkommen, daß im Laufe der Entwicklung und des Fortschrittes unserer Erkenntnisse in einem bisher als abgeschlossen angesehenen Gebiet ein weiteres Naturgesetz entdeckt wird. Enthält dieses keine neuen Größen, dann müßte jetzt die Anzahl der Grundgrößen um 1 vermindert werden.

Das Gesagte sei nun am Beispiel der Mechanik noch einmal in Einzelheiten durchgegangen. Die Mechanik eignet sich dazu besonders gut, weil hier die Verhältnisse auch bei den bisher gebrauchten Maßsystemen völlig klar liegen und weil Maßnahmen, wie sie in der Elektrizitätslehre angewandt wurden, hier demgemäß sehr instruktive Parallele ergeben müssen.

Es war zunächst klar, daß man bei der Beschreibung der mechanischen Erscheinungen die Länge und die Zeit als Grundgrößen bzw. Grunddimensionen wählte (ohne sich dieses Vorganges erst besonders bewußt zu sein), da sie den Formen der menschlichen Anschauung eigen sind. Bald merkte man, daß man damit noch nicht das Auslangen fand und noch eine weitere Grundgröße brauchte. Dazu boten sich die Kraft als unmittelbar fühlbare Muskeltätigkeit oder in zunächst noch versteckter und unklarer Form, die Masse als in der Menge eines Körpers und seinem Trägheitsverhalten enthaltener Begriff.

Es sei vorerst die Kraft als dritte Grundgröße, bzw. Grunddimension, angenommen. Es besteht dann bereits die Möglichkeit der Ableitung des dynamischen Grundgesetzes

$$P = m\, b,$$

indem auf experimentellem Wege festgestellt wurde, daß bei einem und demselben Körper die wirkende Kraft $P$ und die von ihr hervorgerufene Beschleunigung $b$ einander proportional sind. $m$ ist zunächst lediglich ein Proportionalitätsfaktor, dem aber nach dem früher Gesagten physikalische Bedeutung zukommt. Zunächst ergibt sich seine Dimension zu $[m] = [P]\,[b]^{-1} = [P]\,[l]^{-1}\,[t]^2$. Man findet seine Größe ferner proportional dem Rauminhalt des Körpers. Vergleiche zwischen verschieden großen Körpern aus gleichem Material führten schließlich zu dem bekannten, die Trägheitserscheinungen tragenden Begriff der Masse.

Natürlich hätte man auch den Begriff der Masse als ersten bilden können und zwischen dieser und der Beschleunigung die Proportion $b = P/m$ feststellen können. Der Proportionalitätsfaktor wäre dann die Kraft P geworden.

Es wäre auch denkbar, daß man schon vor der Kenntnis der mechanischen Grundgesetze sowohl den Begriff der Kraft als auch den der Masse hatte. Man hätte dann aber setzen müssen

$$P = K_d\, m b$$

mit der Naturkonstanten $K_d$, deren Dimension $[K_d] = [P]\,[m]^{-1}$

$[1]^{-1} [t]^2$ gewesen, und die dann in den meisten mechanischen Gesetzen als Faktor erschienen wäre. Darauf wird noch im nächsten Kapitel eingegangen werden.

Nach Ableitung des Massenbegriffes konnte nun auch das zweite Grundgesetz der Mechanik, das Newtonsche Gesetz

$$P = K_g \frac{m_1 m_2}{r^2}$$

mit Hilfe des Experimentes gefunden werden, indem die Proportionalität der Kraft mit den Massen und dem Kehrwert des Quadrates ihres Abstandes festgestellt wurde. Der Proportionalitätsfaktor ist die Gravitätskonstante mit der Dimension $[K_g] = [m]^{-1} [l]^3 [t]^{-2} = [P]^{-1} [l]^4 [t]^{-4}$.

Es wäre schließlich auch denkbar, daß nach Aufstellung des Kraftbegriffes das Newtonsche Gesetz vor dem dynamischen Grundgesetz gefunden worden wäre. Man hätte dann die Proportionalität zwischen der Kraft und etwa den Gewichten der beiden Körper, sowie dem Kehrwert ihres Abstandquadrates festgestellt und schreiben müssen

$$P = K \frac{G_1 G_2}{r^2}$$

Auch hier wäre es schließlich zur Einführung eines Massebegriffes gekommen, indem man $K$ in zwei gleiche Faktoren gespalten hätte und als Masse den Ausdruck $m = \sqrt{K} \, G$ definiert hätte. Damit hätte das Gravitationsgesetz die Form

$$P = \frac{m_1 m_2}{r^2}$$

erhalten, in der eine Gravitationskonstante fehlt und die Masse die Dimension $[m] = [P]^{1/2} [l]$ erhielte. Da jetzt aber Kraft und Masse bekannt sind, hätte das später gefundene dynamische Grundgesetz die Form

$$P = \overline{\overline{K}} \, m \, b$$

erhalten müssen, worin die neue Naturkonstante $\overline{\overline{K}}$ die Dimension $[\overline{\overline{K}}] = [P]^{1/2} [l]^{-2} [t]^2$ hat.

Alle diese Vorgänge wären möglich und zulässig gewesen. Das Wesentliche war dabei immer die Setzung eines Proportionalitätsfaktors bei der experimentellen Ableitung der Naturgesetze. Das letzte Beispiel wäre allerdings insoferne unbefriedigend gewesen, als Dimensionsausdrücke mit gebrochenen Exponenten auftreten, die keine anschaulichen Vorstellungen mit sich verknüpfen lassen.

Kann ein physikalisches Gebiet als abgeschlossen betrachtet werden, dann liegt hinterher die Frage nach der Anzahl der Grundgrößen sehr einfach. Sind n voneinander unabhängige Naturgesetze bekannt und enthalten diese m voneinander verschiedene, nicht dimensionsgleiche Größen, dann sind m — n Grundgrößen notwendig, die völlig frei gewählt werden können.

In der Mechanik enthalten die beiden Grundgesetze fünf verschiedene Größen; die Anzahl der Grundgrößen ist also drei. In der Elektrizitätslehre enthalten die beiden Maxwellschen Gleichungen sechs dimensionsverschiedene Größen; die Anzahl der erforderlichen Grundgrößen ist also vier. In der Wärmelehre sind es voraussichtlich drei, doch soll im besonderen die Wärmelehre erst in einem späteren Kapitel behandelt werden.

## § 26 Unter- und überbestimmte Systeme

Im vorangegangenen Kapitel ist bereits ein Fall eines überbestimmten Systems behandelt worden, indem in der Mechanik vier statt deren nur erforderlichen drei Grundgrößen verwendet wurden. Das Ergebnis war das Auftreten einer „dynamischen Naturkonstanten" $K_d$, die in einer Reihe von mechanischen Gesetzen, beispielsweise in der Gleichung für die kinetische Energie $W = K_d\, mv^2/2$ eine wesentliche Rolle spielen würde. Solche vermeintliche Naturkonstanten treten immer dann auf, wenn die Zahl der gewählten Grundgrößen größer ist als die erforderliche Anzahl m — n. Diese Konstanten müssen die dimensionelle Richtigstellung der durch die Überbestimmung in die Gleichungen hineingebrachten dimensionellen Gleichgewichtsstörung durchführen. Beispiele aus der praktischen Anwendung gibt es mehrere.

In der Elektrizitätslehre sind beispielsweise im Gaußschen Maßsystem fünf statt vier Grundgrößen gewählt worden. Die damit auftretende, physikalisch in den Gleichungen aber sinnlos erscheinende Naturkonstante ist dort die Lichtgeschwindigkeit. Ähnlich dürfte es in der Wärmelehre sein, wo mit der Temperatur als eigene Grundgröße vier statt drei Grundgrößen gewählt wurden. Die Folge ist das Auftreten der Gaskonstanten als vermeintliche Naturkonstante.

Ist die Anzahl der gewählten Grundgrößen zu klein, so tritt eine eigentümliche Schwierigkeit auf, die zunächst wieder am Beispiel der Mechanik erläutert werden möge. Dabei sei etwa angenommen, daß zunächst die Begriffe der Länge und der Kraft bekannt sind und das Gravitationsgesetz auf experimentellem Wege entdeckt wurde. Es wäre in der Form

$$P = K_g \frac{m_1 m_2}{r^2}$$

angeschrieben worden. Da sowohl die Dimensionen von $K_g$ als auch von $m$ noch unbekannt sind, besteht hier keine Möglichkeit, diese Dimensionen abzuleiten. Dasselbe gilt für die Ableitung einer Einheit für die Masse, da nur Einheiten für die Länge und die Kraft bekannt sind. Man kann nun, um wenigstens eine Einheit für die Masse abzuleiten, der Gravitationskonstanten den Wert 1 beilegen und jetzt als Masseneinheit jene Masse definieren, die auf die gleich große, im Abstand der Längeneinheit befindliche, mit der Einheit der Kraft wirkt. Soweit ist an dem Vorgang nichts auszusetzen. Man ist aber versucht, sich verleiten zu lassen, nicht nur $K_g = 1$ zu setzen, sondern auch dessen Dimension zu übersehen, also $K_g$ dimensionslos zu setzen und in der Grundgleichung einfach zu streichen. Das ist natürlich völlig unzulässig und physikalisch unmöglich, da $K_g$ als Proportionalitätsfaktor in einem experimentell abgeleiteten Naturgesetz eine Naturkonstante — wenn auch bei passend gewählten Einheiten mit dem Zahlenwert 1 — ist, die aus einem sie enthaltenden Gesetz ja nicht einfach gestrichen werden kann. Gerade dies hat man aber in der Elektrizitätslehre bei der Aufstellung der „absoluten" cgs-Systeme getan!

Würde man in der beschriebenen Weise vorgehen, dann erhielte die Masse die Dimension $[P]^{1/2}[l]$, die Beschleunigung die Dimension $[P]^{1/2}[l]^{-1}$, die Geschwindigkeit $[P]^{1/4}$ usw. Die Zeit würde eine abgeleitete Größe werden und die Dimension $[P]^{-1/4}[l]$ erhalten.

Wäre man vom dynamischen Grundgesetz ausgegangen und hätte man nur die Grundgrößen Länge und Zeit zugelassen und hätte man jetzt den Proportionalitätsfaktor $m$ gestrichen, dann wären Kraft und Beschleunigung oder Impuls und Geschwindigkeit dimensionell gleich, also als physikalisch gleichwertige Größen erschienen.

Bei zu wenig Grundgrößen erhält man also einesteils unverständliche Dimensionsausdrücke, andererseits physikalische Gleichsetzung von Größen, die alles andere als physikalisch gleichartig sind. Ein bekanntes Beispiel für letzteres ist die Dimension der Kapazität im elektrostatischen Maßsystem $[C]_s = [l]$, die dort einer Länge gleichkommt und die Messung der Kapazität in cm erlauben soll, was natürlich auch die Messung einer Länge in Farad möglich machen müßte, oder der Geschwindigkeit in Farad/Stunde usw.

## § 27 Kohärente Einheiten

Wird ein Gesetz in der Form einer Maßzahlgleichung geschrieben, dann muß angegeben werden, in welchen Einheiten die Größen einzusetzen sind. Wie schon ausgeführt wurde, nimmt dann die Gleichung je nach Wahl der Einheiten eine andere Form an, indem sie verschiedene zusätzliche, nicht physikalisch bedingte Zahlenfaktoren aufnimmt. Werden die Einheiten aber so gewählt, daß diese „parasitären" Faktoren verschwinden (zu 1 werden), dann nennt man die Einheiten **kohärent** und das System ein kohärentes System. Bei Wahl eines kohärenten Einheitensystems haben also die Maßzahlgleichungen dieselbe Form wie die Größengleichungen. Ein gewisser Vorteil entsteht dann bei der zahlenmäßigen Auswertung der Gleichungen dadurch, daß man nicht wie bei der Verwendung nicht-kohärenter Einheiten die Einheitensymbole in der Rechnung mitführen muß. Die kohärente Einheit des Ergebnisses ist ja schon von vornherein bekannt. Dies ist ja letzten Endes überhaupt der

Grund, warum die Maßzahlgleichung auch bei Verwendung nichtkohärenter Einheiten so lange in Verwendung stand.

## § 28 Naturmaße, Urmaße, Etalons

Ein irgendwie gewähltes Einheitensystem schwebt zunächst noch unverwendbar in der Luft, solange nicht angegeben wird, welche Ausdehnung die Grundeinheiten haben sollen. Die Nennung der Bezeichnung „Meter" ist vorerst wertlos, wenn für die Einheit nicht ein greifbares Modell oder ein sonstiges reelles Vorbild gegeben wird. Dieser Notwendigkeit kann nur durch Anknüpfen an eine in der Natur vorgegebene gleichartige Größe entsprochen werden. Beim Meter war dies bekanntlich ursprünglich der $10^{-7}$te Teil des Erdmeridianquadranten. Diese in der Natur gewählten Größen, an die die Grundeinheiten eines Maßsystems angeschlossen werden, sollen N a t u r m a ß e genannt werden.

Man erkennt sofort, daß dann ebensoviel Naturmaße gewählt werden müssen als Grundeinheiten erforderlich sind.

Für den praktischen Gebrauch kann man von den Naturmaßen oder einem Vielfachen derselben stoffliche Muster herstellen, deren Ausdehnung nach Maßgabe der technischen Mittel und physikalischen Laboratoriumskunst so genau als möglich den Urmaßen entsprechen soll. Diese stofflichen Muster heißen P r o t o t y p e oder U r m a ß e. Für das Meter ist das bekanntlich der bei Paris aufbewahrte Urmeterstab.

Die Urmaße können den Naturmaßen nur angenähert werden, ihre Ausdehnung aber niemals identisch genau erreichen. Mit zunehmender Experimentiergenauigkeit müssen also die Urmaße immer wieder den Naturmaßen besser angepaßt werden.

Für die praktische Eichung von Meßgeräten dienen ferner E t a l o n s, das sind ebenfalls verkörperte Maßnormale, die in den einzelnen Eichämtern aufbewahrt werden und den Naturmaßen oder Prototypen oder den aus diesen abgeleiteten Einheiten möglichst genau angepaßt werden. Prototype sollen nur in geringster Zahl vorhanden sein, damit sich deren gegenseitige Unterschiede nicht störend bemerkbar machen.

## § 29 Genauere Festlegung der Forderungen an ein befriedigendes Maßsystem

Wie schon erwähnt wurde, zerfällt das Maßsystemproblem in ein Dimensionen-, ein Einheitenproblem und das Problem der Naturmaße. Jedes der drei Teilprobleme hat eine besondere Aufgabe des Maßsystems zu erfüllen.

Das Dimensionensystem soll — unabhängig von jeder Frage der Messung oder Einheitenfestlegung — so gewählt sein, daß die erhaltenen Dimensionsausdrücke physikalisch durchsichtig werden und in ihrer Kurzschreibweise ein Maximum an physikalischer Kennzeichnung enthalten. Erreicht wird dies am besten, wenn als Grunddimensionen solche gewählt werden, die charakteristischen, unveränderlichen Naturkonstanten angehören.

Die Aufgabe des Einheitensystems ist dagegen lediglich auf das Messen abgestellt. Die Einheiten sollen so gewählt werden, daß das Messen so einfach und die Meßergebnisse so klar als möglich werden. Weder eine Bezugnahme auf die Dimensionen noch auf die Ableitung von Naturmaßen braucht hier stattzufinden.

Um die Gleichungen unverändert als Maßzahlgleichungen verwenden zu können, wird das Einheitensystem als kohärentes System aufgestellt. Nichtkohärente Einheiten können bei Verwendung von Größengleichungen zur besseren Angleichung auf Teilgebieten zugelassen werden.

Die Naturmaße sind schließlich so zu wählen, daß sie bei Voraussetzung ihrer Konstanz die größtmögliche Präzision der Festlegung der Grundeinheiten sicherstellen. Die technischen Schwierigkeiten dieser Anknüpfung der Grundeinheiten an Naturgrößen spielen dabei keine Rolle, da die erforderlichen Einrichtungen in den Eichämtern in einzelnen Speziallaboratorien aufgestellt werden können.

Alle diese Forderungen erfüllt das nachfolgende „natürliche Maßsystem", das sich langsam aus den Vorschlägen von Bodea, Giorgi, Kalantaroff, Mie und Oberdorfer entwickelt hat und vermutlich das Optimum dessen darstellt, was man billigerweise von einem universellen Maßsystem verlangen kann.

## § 3 Das natürliche Maßsystem
### § 31 Das natürliche Maßsystem in der Mechanik

Die in der Mechanik vorteilhaft zu wählenden Grunddimensionen sind die Länge, die Zeit und die Wirkung. Die Wahl der Wirkung als dritte Grunddimension ist in der Tatsache begründet, daß sich diese nach
$$[H] = [Q]\,[\Phi]$$
in die zwei Grunddimensionen der Ladung [Q] und des magnetischen Flusses [Φ] der Elektromagnetik spalten läßt. Da in der Elektromagnetik vier Grunddimensionen erforderlich sind, müßte bei Wahl der Masse [m] oder der Kraft [P] als dritter mechanischer Grunddimension in der Elektromagnetik eine zusätzliche elektrische oder magnetische Grunddimension gewählt werden. So aber kommt es nicht zur Hinzufügung einer weiteren Grunddimension, sondern zur Aufspaltung der „mechanischen" Grunddimension [H] in einen elektrischen und einen magnetischen Faktor, die in der Mechanik eben immer nur als Produkt vorkommen. Was das erkenntnistheoretisch vom Standpunkt der Physik aus bei der heute erreichten Ansicht vom elektromagnetischen Aufbau der Natur bedeutet, braucht wohl nicht noch ausgeführt zu werden.

Unterstützt wird die Wahl von $H$ als Grunddimension noch durch das Auftreten einer der wichtigsten Naturkonstanten mit gleicher Dimension, des Planckschen Wirkungsquantums.

Die Wahl von $H$ als Grunddimension schließt natürlich nicht aus, daß dort, wo eine andere Größe den Tatbestand besser kennzeichnet, in den Dimensionsausdrücken deren Dimension verwendet wird.

So wird die Dimension der Arbeit, bzw. der Energie sowohl in der Form $[H]\,[t]^{-1}$ als auch in der Form $[P]\,[l]$ verwendet werden, je nachdem der größere Wert auf die Kennzeichnung als Wirkung in der Zeiteinheit oder Wirken einer Kraft längs eines Weges gelegt wird.

Als Grundeinheiten sind gewählt
  das Meter
  die Sekunde
  das Kilogramm.

Von den daraus abgeleiteten kohärenten Einheiten, die in der Tafel I zusammen mit ihren Dimensionen angeführt sind, tritt als neue Einheit das international bereits angenommene Newton auf, das ist die Kraft, die der Masse von einem Kilogramm die Beschleunigung von 1 Meter in der Sekunde erteilt.

An Naturmaßen steht derzeit lediglich ein Zeitmaß im Gebrauch, nämlich der mittlere Sonnentag. Er dient zur Definition der Sekunde, die dem 86400-sten Teil des mittleren Sonnentages gleichgesetzt wurde.

Ein Längennaturmaß ist nicht festgelegt, da von dem $10^{-7}$ten Teil des Erdmeridianquadranten abgegangen und das Urmeter bei Paris als Längennormal erklärt wurde, das aber nur ein Prototyp ist.

Die Festlegung eines Längennaturmaßes ist also noch offen und dürfte vermutlich auf die Schwingungszahl einer bestimmten Linie eines Lichtspektrums fallen.

Ein weiteres, von früher her noch gebräuchliches Urmaß ist das ebenfalls bei Paris aufbewahrte Urkilogramm, das dem tausendfachen Gewicht eines Kubikzentimeters chemisch reinen Wassers bei 4⁰ C und 760 Torr Luftdruck gleich sein sollte.

Vermutlich wird kein weiteres mechanisches Naturmaß gewählt werden.

## § 32 Das natürliche Maßsystem in der Elektromagnetik

Die Grunddimensionen der Elektromagnetik ergeben sich aus denen der Mechanik, wie schon erwähnt, durch Spaltung der Wirkung [H] in die elektrische Ladung [Q] und den magnetischen Fluß [Φ], für die beide Naturgrößen in der Elementarladung und im Magneton vorliegen.

Als Grundeinheiten dienen
        das Meter
        die Sekunde
        das Ampere
        das Volt.

Die davon abgeleiteten Einheiten, die größtenteils schon lange verwendet werden, sind wieder in der Tafel I angeführt. Unbequem erscheinen die Einheiten für die beiden Feldstärken, die magnetische Erregung und die dielektrische Verschiebung, für die, da sie ja von großer praktischer Wichtigkeit sind, Namen gesucht werden sollten, die dann leicht mit den bekannten Dekadenzeichen versehen werden können.

Naturmaße sind bis jetzt offiziell keine festgelegt worden. Versteckt ist aber bereits die Induktionskonstante als Naturmaß in Verwendung, indem an sie die Definition der Stromstärkeneinheit angeknüpft wird, allerdings ohne daß dabei die Induktionskonstante genannt wird.

Das Ampere wird definiert als die Stromstärke in zwei geradlinigen, unendlich dünnen Leitern von unendlicher Länge, die in einer Entfernung von einem Meter parallel zueinander im leeren Raum angeordnet sind, die unveränderlich fließend bewirken würde, daß sich die beiden Leiter mit einer Kraft von $2.10^{-7}$ Newton je Meter Länge beeinflussen.

Das dieser Definition zu Grunde liegende Amperesche Gesetz

$$\frac{P}{l} = \frac{\mu_0}{2\pi} \frac{I_1 I_2}{d}$$

enthält die Induktionskonstante $\mu_0$, für die stillschweigend der Wert

$$\mu_0 = 4\pi 10^{-7} \frac{Vs}{Am}$$

gesetzt wurde.

An Prototypen stehen das „internationale" Ampere und das „internationale" Ohm in Gebrauch. Das internationale Ampere ist der konstante Strom, der in einer Sekunde aus einer wässerigen Silbernitratlösung 0,00111800 Gramm Silber ausscheidet. Das internationale Ohm ist der Widerstand einer Quecksilbersäule von 1 mm² konstantem Querschnitt und 106,3 cm Länge, bzw. 14,4521 g Masse bei 0º C.

Die aus den obigen Einheiten abgeleiteten, bis 1948 gesetzlich festgelegten internationalen Einheiten sind von den, im natürlichen Maßsystem enthaltenen, seit 1948 gesetzlich eingeführten „absoluten" Einheiten etwas verschieden. Den Zusammenhang gibt die folgende Tabelle an.

Internationale und absolute Einheiten

| Einheit | international | absolut |
|---|---|---|
| Ampere | 1 | 0,9999 |
|  | 1,0001 | 1 |
| Volt | 1 | 1,0004 |
|  | 0,9996 | 1 |
| Ohm | 1 | 1,0005 |
|  | 0,9995 | 1 |
| Henry | 1 | 1,0005 |
|  | 0,9995 | 1 |
| Farad | 1 | 1,0005 |
|  | 0,9995 | 1 |
| Watt | 1 | 1,0003 |
|  | 0,9997 | 1 |

## § 33 Das natürliche Maßsystem in der Wärmelehre

Während die Revisionsnotwendigkeit der bestehenden Maßsysteme in der Elektromagnetik von vielen Physikern und Technikern bereits erkannt wird und die Bemühungen zur Aufstellung eines befriedigenden Systems rüstig fortschreiten, stecken die Fragen in der Wärmelehre noch gänzlich in den ersten, tastenden Anfängen. Es wird daher notwendig, das Problem hier ausführlicher zu behandeln, umsomehr, als es sehr viel klarzustellen gibt. Seit der Erkenntnis, daß alle Wärmephänomene molekularkinetische Vorgänge sind, deren Gesetze allerdings nur als statistische Mittelwerte bei Vorhandensein einer großen Zahl von Partikeln gelten, hat sich in der Wärmelehre eine umwälzende Umstellung vollzogen, die aber im Aufbau des Maßsystems bisher unberücksichtigt blieb.

Grundsätzlich sind in der Wärmelehre zwei Hauptgebiete zu unterscheiden, ein Gebiet, dessen Phänomene sich auf **Wärmeleitung**, und eines, dessen Probleme sich auf **Wärmestrahlung** zurückführen lassen. Bei der Wärmeleitung erfolgt die Übertragung kinetischer Energie durch Stoß von energiereicheren (wärmeren) auf energieärmere (kältere) Partikel, wobei der Innenbau der einzelnen Partikel unverändert bleibt. Bei der Wärmestrahlung finden hingegen Umlagerungen im Innenbau der Partikeln statt, wobei zum Beispiel Elektronen aus einer Bahn in eine andere springen.

Bei der Behandlung von Wärmephänomenen tritt nach bisheriger Gepflogenheit die Temperatur als vierte Grundgröße zu den drei Grundgrößen der Mechanik. Durch die kinetische Deutung der Wärmephänomene, die als unumstößlich gesichert angesehen werden muß, folgt aber, daß mit den drei Grunddimensionen der Mechanik das Auslangen gefunden werden muß. Das erfordert aber eine Umstellung der bisher gebräuchlichen Wärmeeinheiten.

Klar stand zunächst bereits die Dimension der Wärmemenge als einer Form von Energie. Die gewählte Einheit Kalorie (Grammkalorie) ist aber keine kohärente Einheit des natürlichen Maßsystems und müßte durch das Joule ersetzt werden, wobei

$$1 \text{ cal} = 4{,}185 \text{ J}.$$

Viel weittragender ist eine kritische Betrachtung der Temperatur. Für ideale Gase, bei denen die Verhältnisse am einfachsten liegen, gilt zunächst die Zustandsgleichung in der älteren Fassung

$$pV = RT \quad \text{(gültig für 1 Mol)}.$$

Dabei ist $R$ die sogenannte allgemeine Gaskonstante und $T$ die absolute Temperatur.

Zur weiteren Beschreibung ist die Einführung folgender Hilfsbegriffe erforderlich:

1. Das dekadische Mol, $N_D = 10^{24}$, als spezieller Wert der allgemeineren
2. Partikelzahl N, die dem Verhältnis der Gesamtmasse von N gleichen Partikeln zur Masse von 1 Partikel derselben Art gleich ist;
3. das klassische Loschmidtsche Mol $N_L = 6{,}026 \cdot 10^{23}$ als ältere, in der Chemie noch übliche Molekül-Mengeneinheit;
4. das dekadische Gramm-Mol, $M_D = N_D m = 10^{24} m$, als spezielle Masseneinheit, nämlich der Masse eines dekadischen Mols ($= 10^{24}$ Moleküle) eines Stoffes;
5. das klassische Loschmidtsche Gramm-Mol, $M_L = N_L m = 6{,}026 \cdot 10^{23} m$, nämlich der Masse eines Loschmidtschen Mols ($= 6{,}026 \cdot 10^{23}$ Moleküle) eines Stoffes

($m$ ist dabei die Masse eines Moleküles des betrachteten Stoffes);
6. die dekadische Molzahl $n_D$; sie ist das Verhältnis einer gegebenen Molekülzahl N zum dekadischen Mol $N_D$, gibt also an, aus wievielen dekadischen Mol die gegebene Molekülzahl besteht (es ist dann auch $N = 10^{24} n_D$);
7. die klassische Molzahl $n_L$, bei der auf das klassische Mol bezogen wird (es ist dann $N = 6{,}026 . 10^{23} n_L$).

Die Zustandsgleichung kann jetzt entsprechend erweitert werden. Zunächst ist mit der Boltzmannschen Konstanten
$$k = 1{,}38 . 10^{-23} J/^0K$$
$R = N_L k$ und bei $n_L$ Molen
$$pV = n_L RT = n_L N_L kT = NkT = \frac{2}{3} N \frac{m v_m^2}{2}$$
wobei der letzte Ausdruck aus dem, durch die kinetische Wärmetheorie gewonnenen Zusammenhang zwischen der Höhe der Temperatur $T$ und der mittleren Bewegungsenergie der einzelnen Moleküle des Gases erhalten wurde. In dieser Gleichung, die für eine beliebige Gasmenge, nämlich für die Molekülzahl N (oder die Molzahl $n_L$) gilt, muß $RT$ bzw. $kT$ als einziger nicht mechanischer Ausdruck die Dimension einer Energie haben. Die Gleichung gilt auch für eine beliebige Gasart, d. h. für beliebige Molekülmassen $m$, und auch für beliebige, zur Verfügung stehende (Gesamt-) Volumina $V$. Der Wert der auftretenden Drücke $p$, beziehungsweise der mittleren Molekülgeschwindigkeiten $v_m$ ist aber der Höhe der jeweiligen Temperatur direkt proportional. Im übrigen erkennt man jedoch, daß die Gaskonstante $R$, bzw. die Boltzmannsche Konstante $k$ offenbar keine physikalische Existenzberechtigung hat, weil ihr Wert für gegebene mechanische Einheiten nur von der Wahl der Temperatureinheit, jedoch von keinerlei physikalischen Gegebenheiten abhängt. $R$ oder $k$ spielt also die Rolle eines dimensionsbehafteten Ausgleichsfaktors in einem offensichtlich überbestimmten Einheitensystem.

Wie Lord Kelvin nachgewiesen hat, lassen sich exakte Temperaturmessungen überhaupt nur mittels eines, mit einem idealen Gas gefüllten Thermometers durchführen, wenn man dessen Volumen $V$

konstant hält und den variablen Druck mißt. Um sich den entsprechenden molekular-kinetischen Vorgang klarzumachen, ist es am einfachsten, wenn man sich das Thermometer zunächst als einfachen Kubus vorstellt. Die darin herumschwirrenden N Moleküle verursachen den Druck $p$ durch Anprallen an die sechs Wände, wobei sich ihre kinetische Energie durch elastisches Rückprallen infolge Umkehr der Richtung der Geschwindigkeit $v$ um $\dfrac{m(2v_m)^2}{2}$ oder $4\dfrac{mv^2_m}{2}$ ändert. Der Druck $p$ ist somit proportional $\dfrac{4}{6}\dfrac{mv^2_m}{2}$ und folglich $\dfrac{3}{2}p$ das tatsächliche Maß der mittleren kinetischen Energie $\dfrac{mv^2_m}{2}$ der einzelnen Moleküle. Dieser Grundgedanke läßt sich zu einem mathematisch vollständigen Beweis ausbauen, der auf eine beliebige Form des Volumens ausgedehnt werden kann und die gesamte kinetische Energie der N Moleküle zu

$$N\frac{mv_m^2}{2} = \frac{3}{2}pV$$

ergibt. Nach der kinetischen Wärmetheorie muß das auch gleich $NT$ sein. Die Temperatur ist daher die auf die Partikel bezogene mittlere kinetische Energie. Als Einheit bietet sich die Größe Joule/Mol, oder

$$1\ \text{C l a u s i u s} = \frac{1\ \text{Joule}}{10^{24}\ \text{Partikel}} = 1\ \text{Cl},$$

beziehungsweise

$$1\ \text{C a r n o t} = \frac{1\ \text{Joule}}{6{,}026 \cdot 10^{23}\ \text{Partikel}} = 1\ \text{Ca}$$

an.[1]

Ein Vergleich mit der klassischen Form der Zustandsgleichung ergibt, daß der Übergang aus dieser in die rationale Schreibweise einfachst dadurch erreicht wird, daß man

$$R = \frac{2}{3}$$

---

[1]) Die Benennungen wurden von E. Bodea vorgeschlagen. Siehe auch (2)

setzt. Nun war nach dem bisherigen Gebrauch
$$R = N_L k = 6{,}026.10^{23} \cdot 1{,}38.10^{-23} \text{ J}/^0\text{K L-Mol} =$$
$$= 8{,}317 \text{J}/^0\text{K, L-M}_d,$$
so daß man daraus leicht die Umrechnungsfaktoren ermitteln kann

$$1^0\text{ K} = \frac{3}{2} \cdot 8{,}317 \frac{\text{J}}{\text{L-Mol}} = 20{,}71.10^{-24} \text{ J/Partikel}$$

$$1 \text{ Ca} = 1 \frac{\text{J}}{\text{L-Mol}} = 1{,}66.10^{-24} \text{ J/Partikel} = 0{,}08^0\text{K}$$

$$1 \text{ Cl} = 1 \frac{\text{J}}{\text{D-Mol}} = 10^{-24} \text{ J/Partikel} = 0{,}048^0\text{K}$$

Die rationale Zustandsgleichung kann ohne weiteres als allgemeine Definition der Temperatur angesehen werden:

erstens, weil man (zumindest theoretisch) überhaupt alle Temperaturen mit Kelvinschen Präzisions-Thermometern messen sollte;

zweitens, weil sich bei der Temperaturmessung und allgemein bei jedem Temperaturausgleich einfach Gleichheit der mittleren kinetischen Energie sämtlicher beteiligter Partikeln einstellt, so daß man die Temperatur als die von Partikel zu Partikel durch Stoß übertragbare kinetische Energie definieren kann;

drittens, weil man sie auch als allgemeinste Form der Zustandsgleichung jedes Stoffes ansehen darf, das heißt also auch für beliebige, nicht ideale Gase, Flüssigkeiten und feste Körper, sowie auch für Schwärme von Elektronen, Neutronen, Protonen usw., soferne man mit den Zahlen N und n nicht die Anzahl der chemischen Moleküle, sondern allein die Anzahl der thermisch als Ganzes zu betrachtenden Partikeln abzählt. Es assoziieren sich nämlich mit fallender Temperatur immer größere Molekülgruppen zu thermisch nur einwertigen Partikeln, während bei sehr hohen Temperaturen sogar die Atome in thermisch als einwertig zu betrachtende, kleinere Bausteine wie Protonen, Elektronen usw. zu zerfallen scheinen.

Eine wertvolle Erkenntnis liefert ferner die rationale Betrachtung der spezifischen Wärmekoeffizienten. So sind die spezifischen, molaren Wärmekoeffizienten $c_p$, bzw. $c_v$ bei konstantem Druck oder konstantem Volumen allgemein definiert durch

$$c_{p,v} = \frac{1}{n} \frac{\Delta Q}{\Delta T} = \frac{1}{n} C_{p,v}$$

Sie sind also reine Zahlen und erhielten in der bisher üblichen Darstellung ihre Dimensionen lediglich dadurch, daß die Temperaturen in den nichtkohärenten Einheiten ⁰C oder ⁰K gemessen wurden, so daß die vorhin ausgerechneten dimensionellen Umrechnungsfaktoren in die Werte von C eingeschlossen wurden. Ihre Werte betragen dann für $R = 2/3$

für einatomige Gase

statt
$$c_v = \frac{3}{2} R \quad \text{und} \quad c_p = \frac{5}{2} R:$$
$$c_v = 1$$

und
$$c_p = \frac{5}{3},$$

für zweiatomige Gase

statt
$$c_v = \frac{5}{2} R \quad \text{und} \quad c_p = \frac{7}{2} R:$$
$$c_v = \frac{5}{3}$$

und
$$c_p = \frac{7}{3}.$$

Die Wärmekoeffizienten haben also den Charakter von umgekehrten Wirkungsgraden, die aus einer zu- oder abgeführten Energiemenge $Q$ den Anteil bestimmen, der sich in kinetische (Translations- oder Schwingungs-) Energie der thermisch als Ganzes zu betrachtenden Partikel umsetzt.

Ein weiterer Begriff, die Entropie (Gesamt-Entropie $S$ oder molare Entropie $s$ einer gegebenen Stoffmenge), ist definiert aus der Gleichung

$$\Delta S = n \Delta s = \int \frac{dQ_p}{T} = n \int \frac{c_p\, dT}{T}.$$

Daraus ergibt sich, daß auch die Entropie dimensionslos ist und als Einheit für die Gesamt-Entropie das Mol, beziehungsweise für die molare Entropie die Zahl 1 besitzt. Die Entropie hat ferner nach Obigem offensichtlich den Charakter von $c_p$ und entpuppt sich hiermit als ein integrierter (umgekehrter) Wirkungsgrad. Entropien sind also lediglich Rechengrößen (nullter Dimension), deren praktischer Wert hauptsächlich durch ihren Wirkungsgradcharakter in Erscheinung tritt.

## § 4 Andere Maßsysteme in der Elektromagnetik

### § 41 Allgemeines

Da die alten cgs-Systeme immer noch verwendet werden und zum Lesen der älteren Literatur unentbehrlich sind, möge hier noch kurz auf sie eingegangen werden. Für den praktischen Gebrauch kommen in erster Linie das elektrostatische, das elektromagnetische und das Gaußsche Maßsystem in Betracht. Die ersten beiden besitzen drei, das dritte fünf Grundgrößen. Bei den ersten beiden sind daher unbegreifliche Dimensionsausdrücke, beim dritten unberechtigte Naturkonstante zu erwarten.

Die Dimensionen, Einheiten und Umrechnungsfaktoren in die anderen und in das natürliche Maßsystem sind in der Tafel I angegeben. Die Schreibweise der wichtigsten Grundgleichungen in den vier Systemen nennt die Tafel II.

Für manche Sondergebiete bildet das natürliche Maßsystem nicht die ideale Einheitenzusammenstellung, weil die in das Gebiet eingehenden wichtigsten Größen extrem hohe oder niedrige Werte annehmen und das dauernde Mitschleppen der Dekadenzeichen verwirrend wirkt. Es ist dann zu überlegen, ob man — bei Beibehaltung etwa des Dimensionensystems des natürlichen Maßsystems — nicht handlichere Einheiten wählt, die aber wiederum ein kohärentes

System bilden sollen. Ein Beispiel eines solchen Gebietes ist die Atomistik, für die B o d e a ein sehr brauchbares und anschauliches, kohärentes Einheitensystem entwickelt hat (3).

## § 42 Das elektrostatische Maßsystem

Das elektrostatische Maßsystem leitet sich aus dem Priestleyschen Gesetz[1]) dadurch ab, daß sowohl der Faktor $1/4\pi$ fortgelassen, als auch willkürlich $\varepsilon_0 = 1$ gesetzt wurde. Damit gelang die Definition einer elektrischen Ladungseinheit, nämlich der Ladung, die auf die gleich große, im Abstand von 1 cm befindliche, im Vakuum mit einer Kraft von 1 Dyne wirkt. Sie ist der Größe nach identisch mit

$$1 \text{ Priestley} = \frac{1}{3} 10^{-9} \text{ Coulomb.}$$

Die Dimensionsausdrücke erhalten gebrochene Exponenten und sind daher physikalisch undurchsichtig. Dielektrische Verschiebung und elektrische Feldstärke haben die gleiche Dimension und werden als gleichartige physikalische Größen angesehen. Die Kapazität hat die Dimension einer Länge, die Dielektrizitätskonstante und die Influenzkonstante sind dimensionslos; letztere hat den Wert 1.

## § 43 Das elektromagnetische Maßsystem

Das elektromagnetische Maßsystem leitet sich aus dem Coulombschen Gesetz dadurch ab, daß sowohl der Faktor $1/4\pi$ fortgelassen, als auch willkürlich $\mu_0 = 1$ gesetzt wurde. Damit gelang die Definition einer magnetischen Polstärkeneinheit, nämlich der Polstärke, die auf die gleich große, im Abstand von 1 cm befindliche, im Vakuum mit einer Kraft von 1 Dyne wirkt.

Auch hier zeigen die Dimensionsausdrücke gebrochene Exponenten. Magnetische Erregung[2]) und magnetische Feldstärke[3]) haben die gleiche Dimension und werden als gleichwertige physikalische Größen betrachtet. Die Induktivität hat die Dimension einer Länge, die Permeabilität und die Induktionskonstante sind dimensionslos; letztere hat den Wert 1.

---

[1]) Coulombsches Gesetz der Elektrostatik.
[2]) In der Literatur meist noch mit magnetischer Feldstärke bezeichnet.
[3]) In der Literatur meist noch mit magnetischer Induktion bezeichnet.

## § 44 Das Gaußsche Maßsystem

Das Gaußsche Maßsystem ist eine Mischung von Größen des elektrostatischen und des elektromagnetischen Maßsystems. Die ersteren wurden vornehmlich für die elektrischen, die letzteren für die magnetischen Größen gewählt.

Da die beiden anderen Maßsysteme $\varepsilon$ beziehungsweise $\mu$ versteckt (indem ihnen die Dimension 1 erteilt wurde) als vierte Grunddimension enthalten, ist das Gaußsche Maßsystem eigentlich ein fünfdimensionales, wobei aber die zwei Dimensionen $\varepsilon$ und $\mu$ gleich und gleich 1 gesetzt wurden.

Die Dimensionsausdrücke haben wieder gebrochene Exponenten. Elektrische Feldstärke, dielektrische Verschiebung, magnetische Erregung und magnetische Feldstärke haben dieselbe Dimension und werden paarweise als gleichartige physikalische Größen gehalten. Kapazität und Induktivität haben die Dimension einer Länge. Der elektrische Widerstand hat die Dimension einer reziproken Geschwindigkeit. Influenzkonstante und Induktionskonstante sind dimensionslos und haben beide den Wert 1.

## § 5 Rationalisierung

Das elektrostatische und elektromagnetische Maßsystem wurde aus einer Schreibweise des Priestleyschen und Coulombschen Gesetzes abgeleitet, bei der der Faktor $1/4\pi$ unterdrückt wurde. Er fehlt dann in Gleichungen, die sphärische Elemente enthalten und tritt in solchen mit nur orthogonal geometrischen Elementen auf. Diese Schreibweise wird **nichtrational** genannt.

Bei der rationalen Schreibweise wird der Faktor $1/4\pi$ im Priestleyschen und Coulombschen Gesetz belassen. Er tritt dann überall dort auf, wo es sich um eine Wirkungsausbreitung auf Kugelflächen handelt und verschwindet dort, wo er sachlich nicht gerechtfertigt ist.

Wird das Gaußsche Maßsystem rational geschrieben, so erhält man das **Lorentzsche Maßsystem**, das sich aber nicht durchgesetzt hat, vor allem auch schon deshalb, weil in ihm die Ladungseinheit $1/\sqrt{4\pi}$ -mal kleiner ist als die elektrostatische Ladungseinheit.

Da im natürlichen Maßsystem keine willkürlichen Streichungen von Faktoren vorgenommen wurden, erscheint es von selbst in der allein sinnvollen rationellen Schreibweise.

## § 6 Übliche nichtkohärente Einheiten

Die Einheiten des natürlichen Maßsystems sind zum größten Teil dieselben, die in den „praktischen" oder „technischen" Maßsystemen schon seit langem verwendet werden. Es sind dies meist bestimmte Vielfache der „absoluten" Einheiten des elektromagnetischen Maßsystems. Obwohl diese mit Hilfe der Dekadenzeichen

$T = 10^{12}$, Terra-      $d = 10^{-1}$, Dezi-
$G = 10^{9}$, Giga-      $c = 10^{-2}$, Zenti-
$M = 10^{6}$, Mega-      $m = 10^{-3}$, Milli-
$K = 10^{3}$, Kilo-      $\mu = 10^{-6}$, Mikro-
$h = 10^{2}$, Hekto-      $n = 10^{-9}$, Nano-
$D = 10$, Deka-      $p = 10^{-12}$, Pico-

bequem jedem Anwendungsbereich angepaßt werden können, werden vielfach noch andere, nichtkohärente Einheiten benützt. Soferne Größengleichungen verwendet werden, ist dagegen grundsätzlich nichts einzuwenden, wenn auch getrachtet werden sollte, alles durch kohärente Einheiten darzustellen.

Der Vollständigkeit halber seien noch die wichtigsten, im Gebrauch stehenden nichtkohärenten Einheiten angeführt, die sich vermutlich — besonders bei der älteren Generation — noch einige Zeit halten dürften.

Als sehr kleine Längeneinheit wird das **Ångström**
$$1\ \text{Å} = 10^{-10}\ \text{m}$$
verwendet.

Nichtkohärente Flächeneinheiten sind das **Ar**
$$1\ \text{a} = 10^{2}\ \text{m}^{2}$$
und das **österr. Joch**
$$1\ \text{Joch} = 5755{,}4\ \text{m}^{2}$$
Ein gebräuchliches Raummaß ist ferner das **Liter**
$$1\ \text{l} = 1{,}000028\ \text{dm}^{3}$$

Es sollte — wenigstens im technischen Gebrauch — durch das fast gleich große dm³ ersetzt werden.
Nichtkohärente Masseneinheiten sind die T o n n e

$$1 \text{ t} = 10^3 \text{ kg}$$

das Z e n t n e r

$$1 \text{ q} = 10^2 \text{ kg}$$

das G r a m m

$$1 \text{ g} = 10^{-3} \text{ kg}$$

Diese Einheiten werden sehr viel verwendet und lassen sich, vor allem bei der Masseneinheit, oft schwer durch die kohärente Einheit ersetzen. Es ließe sich aber leicht Abhilfe schaffen, wenn man sich dazu entschließen könnte, für das Kilogramm einen neuen Namen zu setzen, so daß das für die kohärente Masseneinheit unpassende Dekadenzeichen „Kilo" entfallen würde. Am einfachsten — und bei gutem Willen bestimmt durchführbar — wäre die Umdeutung des Gramms, indem es in Hinkunft an Stelle des Kilogramms verwendet werden würde. Damit würde die Tonne zum Kilogramm und das Gramm zum Milligramm. Die Übergangszeit brächte natürlich gewisse Unannehmlichkeiten mit sich, doch dürften Verwechslungen zwischen Gramm und Kilogramm wegen des großen zahlenmäßigen Unterschiedes kaum zu befürchten sein.

Gebräuchliche nichtkohärente Krafteinheiten sind das D y n e

$$1 \text{ dyn} = 10^{-5} \text{ N}$$

und das noch immer stark in Gebrauch stehende K i l o p o n d

$$1 \text{ kp} = 9{,}80665 \text{ N},$$

das mit dem bisherigen Kilogramm-Gewicht identisch ist. Die Bezeichnung Kilopond (bzw. Pond) wurde an Stelle des Kilogramm-Gewichtes (bzw. Gramm-Gewichtes) eingeführt, um die Verwechslungen mit der Masseneinheit Kilogramm (bzw. Gramm) zu vermeiden.

Einige Schwierigkeiten bereitet die Festlegung von Druckeinheiten. Die kohärente Druckeinheit, das Newton je Quadratmeter, ist eine sehr kleine Einheit und für die meisten praktischen Zwecke sehr unhandlich. Es wurde daher das $10^5$-fache, das B a r

$$1 \text{ b} = 10^5 \text{ Nm}^{-2}$$

als praktische Einheit eingeführt und empfohlen, auch die übrigen im Gebrauch stehenden Druckeinheiten
die **technische Atmosphäre**
$$1 \text{ at} = 98\,066{,}5 \text{ Nm}^{-2}$$
die **physikalische Atmosphäre**
$$1 \text{ At} = 101\,325 \text{ Nm}^{-2}$$
das **Torr** (Druck einer 1 mm hohen Quecksilbersäule)
$$1 \text{ Torr} = 133{,}322 \text{ Nm}^{-2}$$
durch das Bar zu ersetzen. Im Sinne der Kohärenz des Einheitensystems wäre es aber besser, für die Einheit Nm$^{-2}$ einen eigenen Namen zu wählen und die Dekade Kilo- oder Mega- zu verwenden.

Die nichtkohärenten Zeiteinheiten **Minute** und **Stunde** werden wohl in vielen Fällen auch in weiterer Zukunft nicht ganz zu umgehen sein.

Gebräuchliche nichtkohärente Arbeitseinheiten sind das **Erg**
$$1 \text{ Erg} = 10^{-7} \text{ Nm} = 1 \text{ J}$$
und das **Kilopondmeter**
$$1 \text{ kpm} = 9{,}80665 \text{ J},$$
von denen speziell die zweite wegen der bestehenden, bequemen kohärenten Einheit und der Unabhängigkeit von der Erdbeschleunigung verlassen werden sollte.

Die nichtkohärente Leistungseinheit, die **Pferdestärke**
$$1 \text{ PS} = 75 \text{ kpm/s} = 735{,}5 \text{ W}$$
wird erfreulicherweise nur mehr selten angewendet.

Unter den elektrischen Einheiten wurde zunächst das **Priestley**
$$1 \text{ Pr} = \frac{1}{10\,|c|} \text{ C}$$
($|c|$ .. Betrag der Lichtgeschwindigkeit in m/s)

als dimensionell richtiggestelltes Äquivalent zur elektrostatischen Ladungseinheit eingeführt.

Eine nichtkohärente Stromstärkeneinheit ist das **Gilbert**
$$1 \text{ Gilbert} = 10 \text{ A}$$

als dimensionell richtiggestelltes Äquivalent zur elektromagnetischen Stromstärkeneinheit.

Für die besser als magnetische Erregung bezeichnete magnetische Feldstärke existiert die nichtkohärente Einheit, das
Örsted

$$1 \text{ Ö} = \frac{10}{4\pi} \text{ Am}^{-1}$$

als dimensionell richtiggestelltes Äquivalent zur elektromagnetischen Erregungseinheit (Feldstärkeneinheit).

Für die magnetische Feldstärke $\mathfrak{B}$, die bisher meist als magnetische Induktion bezeichnet wurde, steht noch immer das
Gauß

$$1 \text{ G} = 10^{-4} \text{ Wb m}^{-2}$$

in Verwendung, obwohl die kohärente Einheit bei den in der praktischen Anwendung meistens vorkommenden Feldstärken wesentlich handlicher wäre. Allerdings wäre es vorteilhaft, auch dieser Einheit einen eigenen Namen zu geben. Wenn dies zwischenstaatlich vereinbart würde, könnte man wieder daran denken, die dann überflüssig werdende Bezeichnung Gauß für die kohärente Einheit Wb/m², also die $10^4$ mal so große Einheit zu verwenden.

Aus dem Gauß wurde für den magnetischen Fluß die nichtkohärente Einheit, das
Maxwell

$$1 \text{ M} = 10^{-8} \text{ Wb}$$

abgeleitet.

Als dimensionell richtiggestelltes Äquivalent zur elektromagnetischen Widerstandseinheit dient die nichtkohärente Einheit, das
Kirchhoff

$$1 \text{ Kirchhoff} = 10^{-9} \Omega.$$

Ein dimensionell richtiggestelltes Äquivalent zur elektrostatischen Kapazitätseinheit, dem Zentimeter, steht nicht im Gebrauch. Es entspricht aber in kohärenten Einheiten der Größe nach einem

Zentimeter $\frac{1}{9} 10^{-11}$ Farad.

Unter den Wärmeeinheiten soll neuerdings die nichtkohärente Einheit, die
**Kalorie**
$$1 \text{ cal} = 4{,}185 \text{ J}$$
durch das Joule ersetzt werden.
Für die nichtkohärente Temperatureinheit, das
**Grad Kelvin** (= Grad Celsius)
wurden im § 33 kohärente Einheiten, im besonderen das
**Clausius**
$$1 \text{ Cl} = 0{,}048 \, ^0\text{K}$$
vorgeschlagen, womit
$$1 \, ^0\text{K} = 20{,}71 \, ^0\text{K}$$
würde.

### Schrifttum:

1. M. Landolt:
   Größe, Maßzahl und Einheit. Verlag Rascher, 1943.
3. E. Bodea:
   Temperatur und Entropie in dimensionskohärenten Einheiten. Schweizer Archiv 1947, Heft 2; Seite 33.
2. E. Bodea:
   Giorgis rationales MKS-System mit Dimensionskohärenz, fundiert auf Kalantaroffs System. Verlag Birkhäuser, Basel. 1949.

# Sachverzeichnis

Die arabischen Ziffern weisen auf die Seitenzahlen, die römischen auf die Tafeln hin

Abgeleitete Dimensionen 6
abgeleitete Einheiten 6
absolute Systeme 12, 18, 19
Ampere 17, 18, I
Amperesches Gesetz 18, II
Angström 28
Anzahl der Grundgrößen 8, 11
Ar 28
Atmosphäre 30

Bar 29
Biot-Savartsche Regel II
Boltzmannsche Konstante 21

Carnot 22, 23
cgs-Systeme 25
Clausius 22, 23, 32
Coulomb I
Coulombsches Gesetz 26, 27, II

Dekadenzeichen 28
Definition 7
dekadische Molzahl 21
dekadisches Gramm-Mol 20
dekadisches Mol 20
Dielektrizitätskonstante 26
Dimension 5, 15
Dimensionengleichung 5, 6,
Durchflutungsgesetz II
Dyne 29

Eichen 15
Einheit 3, 15
Einheitengleichung 4
elektrische Feldstärke 17, 26
elektromagnetisches Maßsystem 26, I
elektrostatisches Maßsystem 26, I
Elementarladung 17
Energiedichte II
Entropie 25
Erg 30, I
Etalon 14

Farad 13, 31, I
Feldstärke, elektrische 17, 26, 27
Feldstärke, magnetische 17

Gaskonstante 12, 20, 21
Gasthermometer 21
Gauß 31
Gaußsches Maßsystem 27, I
Gilbert 30
Gramm 29, I
Grammkalorie 32
Gravitationskonstante 8, 10
Größen 3
Größengleichung 4
Grunddimensionen 6, 15, 16, 17
Grundeinheiten 6, 15, 16
Grundgrößen 6, 8

Henry 19, I

ideale Gase 20
Induktionskonstante 2, 18, 26, 27, I
Induktivität 26, 27
Influenzkonstante 26, 27, I
internationale Einheiten 19
internationales Ampere 18
internationales Ohm 18

Joch 28
Joule 20, 32, I

Kalorie 20
Kapazität 13, 26, 27, II
Kelvin 23, 32
Kilogramm 29, I
Kilopond 29
Kirchhoff 31
Kohärente Einheiten 13, 15
Kraft 9

Lichtgeschwindigkeit 12, 30, I, II
Liter 28
Lorentzsches Maßsystem 27

Loschmidtsches Gramm-Mol 20
Loschmidtsches Mol 20
**magnetische Erregung** 18, 26, 27, II
**magnetische Feldstärke** 17, 26, 27, II
Magneton 17
Masse 9
Maßzahl 3
Maßzahlgleichung 4
Maxwell 31
Maxwellsche Gleichungen II
Messen 2, 3
Meter 14, I
Minute 30
Mol 20

natürliches Maßsystem in der Elektromagnetik 17, I
natürliches Maßsystem in der Mechanik 16, I
natürliches Maßsystem in der Wärmelehre 19
Naturgesetz 7, 8
Naturkonstante 8, 11
Naturmaß 14, 15, 17, 18
Newton 17, I
Newtonsches Gesetz 10
nichtkohärente Einheiten 28
nichtrationale Systeme 27

Oerstedt 31
Ohm 18, 19, I

Partikelzahl 20
Permeabilität 26
Pferdestärke 30
physikalische Kennzeichnung 15

Polstärke 26
Pond 29
Poyntingscher Vektor II
Priestley 26, 30
Priestleysches Gesetz 26, 27, II
Proportionalität 7
Proportionalitätsfaktor 7
Prototyp 14, 17, 18

**Rationale Systeme** 27

Sekunde 17, I
Siemens I
Sonnentag 17
Stunde 30
spezifische Wärmekoeffizienten 23

Temperatur 12, 20, 23
Temperaturumrechnungszahlen 23
Tonne 29
Torr 30

überbestimmte Systeme 11, 21, 27
unterbestimmte Systeme 12
Urkilogramm 17
Urmaß 14
Urmeter 14, 17

Verschiebung 18, 26, 27, II
Volt 17, I
Watt 19, I
Weber I
Wärmemenge 20
Widerstand 27
Wirkung 16

Zentner 29
Zustandsgleichung 20, 21, 23

## magnetisches Maßsystem und c-g-s-Systeme

| magnetisches Maßsystem | | Gaußsches Maßsystem | | | Umrechnung von | | | | | |
|---|---|---|---|---|---|---|---|---|---|---|
| Einheit | | Dimension | Einheit | | elektrostat. Einh. in elektromag. Einh. | entspricht nat. Einheit. | elektromag. Einh. in elektrostat. Einh. | entspricht nat. Einheit. | natürlichen Einheiten in elektrostat. Einh. | elektromag. Einh. |
| Name | Symbol | | Name | Symbol | | | | | | |
| Zentimeter | cm | $[l]$ | Zentimeter | cm | 1 | $10^{-2}$ | 1 | $10^{-3}$ | $10^{2}$ | $10^{2}$ |
| Sekunde | s | $[t]$ | Sekunde | s | 1 | 1 | 1 | 1 | 1 | 1 |
| Gramm | g | $[m]$ | Gramm | g | 1 | $10^{-3}$ | 1 | $10^{-3}$ | $10^{3}$ | $10^{3}$ |
| Dyne | dyn | $[m][l][t]^{-2}$ | Dyne | dyn | 1 | $10^{-5}$ | 1 | $10^{-5}$ | $10^{5}$ | $10^{5}$ |
| Erg | Erg | $[m][l]^{2}[t]^{-2}$ | Erg | Erg | 1 | $10^{-7}$ | 1 | $10^{-7}$ | $10^{7}$ | $10^{7}$ |
| Erg/Sekunde | Erg/s | $[m][l]^{2}[t]^{-3}$ | Erg/Sekunde | Erg/s | 1 | $10^{-7}$ | 1 | $10^{-7}$ | $10^{7}$ | $10^{7}$ |
| Ergsekunde | Ergs | $[m][l]^{2}[t]^{-1}$ | Ergsekunde | Ergs | 1 | $10^{-7}$ | 1 | $10^{-7}$ | $10^{7}$ | $10^{7}$ |
| Elektromagn. Einh. | — | $[m]^{1/2}[l]^{3/2}[t]^{-1}$ | Elektrostat. Einh. | — | $\frac{1}{3}\cdot 10^{-10}$ | $\frac{1}{3}10^{-9}$ | $3\cdot 10^{10}$ | 10 | $3\cdot 10^{9}$ | $10^{-1}$ |
| ,, ,, | — | $[m]^{1/2}[l]^{3/2}[t]^{-1}$ | Elektromagn. Einh. | — | $3\cdot 10^{10}$ | $3\cdot 10^{2}$ | $\frac{1}{3}10^{-10}$ | $10^{-8}$ | $\frac{1}{3}10^{-2}$ | $10^{8}$ |
| ,, ,, | — | $[m]^{1/2}[l]^{3/2}[t]^{-2}$ | Elektrostat. Einh. | — | $\frac{1}{3}10^{-10}$ | $\frac{1}{3}10^{-9}$ | $3\cdot 10^{10}$ | 10 | $3\cdot 10^{9}$ | $10^{-1}$ |

|  |  |  | $[m]^{1/2} [l]^{-1/2} [t]^{-1}$ | Elektrostat. Einh. | — | — | $\frac{1}{3} 10^{-10}$ | $\frac{1}{3} 10^{-5}$ | $3.10^{10}$ | $10^5$ | $3.10^5$ | $10^{-5}$ |
| " | " | — | $[m]^{1/2} [l]^{-1/2} [t]^{-1}$ | Elektromagn. Einh. | — | — | $3.10^{10}$ | $3.10^6$ | $\frac{1}{3} 10^{-10}$ | $10^{-4}$ | $\frac{1}{3} 10^{-6}$ | $10^4$ |
| Elektromagn. Einh. | — | — | $[l]^{-1} [t]$ | Elektrostat. Einh. | — | — | $9.10^{20}$ | $9.10^{11}$ | $\frac{1}{9} 10^{-20}$ | $10^{-9}$ | $\frac{1}{9} 10^{-11}$ | $10^9$ |
| " | — | — | $[l] [t]^{-1}$ | Elektromagn. Einh. | — | — | $\frac{1}{9} 10^{-20}$ | $\frac{1}{9} 10^{-11}$ | $9.10^{20}$ | $10^9$ | $9.10^{11}$ | $10^{-9}$ |
| Zentimeter | cm | — | $[l]$ | Zentimeter | cm | — | $9.10^{20}$ | $9.10^{11}$ | $\frac{1}{9} 10^{-20}$ | $10^{-9}$ | $\frac{1}{9} 10^{-11}$ | $10^9$ |
| Elektromagn. Einh. | — | — | $[l]$ | Zentimeter | cm | — | $\frac{1}{9} 10^{-20}$ | $\frac{1}{9} 10^{-11}$ | $9.10^{20}$ | $10^9$ | $9.10^{11}$ | $10^{-9}$ |
| Elektromagn. Einh. | — | — | 1 | 1 | — | — |  |  |  |  |  |  |
| 1 | — | — | 1 | 1 | — | — |  |  |  |  |  |  |

$76.10^{10}$ cm s$^{-1}$ = 2,99776.10$^{10}$ cm s$^{-1}$

$1,1127.10^{-21}$ s$^2$ cm$^{-2}$ = 1

= 1 = 1

Springer-Verlag in Wien

## Tafel I. Natürliches Maßs[ystem]

| Größe | | Natürliches Maßsystem | | | Maßsystem | | | Elektrostatisches Maßsystem | | | Elektro... |
|---|---|---|---|---|---|---|---|---|---|---|---|
| Name | Symbol | Dimension | Einheit Name | Symbol | | | | Einheit Name | Symbol | Dimension | Dimension |
| Länge | $l$ | $[l]$ | Meter | m | | | | Zentimeter | cm | $[l]$ | $[l]$ |
| Zeit | $t$ | $[t]$ | Sekunde | s | | | | Sekunde | s | $[t]$ | $[t]$ |
| Masse | $m$ | $[H][l]^{-2}[t]$ | Kilogramm | kg | | | | Gramm | g | $[m]$ | $[m]$ |
| Kraft | $P$ | $[H][l]^{-1}[t]^{-1}$ | Newton | N | | | | Dyne | dyn | $[m][l][t]^{-2}$ | $[m][l][t]^{-2}$ |
| Arbeit, Energie | $A, W$ | $[H][t]^{-1}$ | Joule | J | | | | Erg | Erg | $[m][l]^2[t]^{-2}$ | $[m][l]^2[t]^{-2}$ |
| Leistung | $N$ | $[H][t]^{-2}$ | Watt | W | | | | Erg/Sekunde | Erg/s | $[m][l]^2[t]^{-3}$ | $[m][l]^2[t]^{-3}$ |
| Wirkung | $H$ | $[H]$ | Planck | P | | | | Ergsekunde | Ergs | $[m][l]^2[t]^{-1}$ | $[m][l]^2[t]^{-1}$ |
| Elektrische Ladung | $Q$ | $[Q]$ | Coulomb | C | | | | Elektrostat. Einheit | — | $[m]^{1/2}[l]^{3/2}[t]^{-1}$ | $[m]^{1/2}[l]^{3/2}[t]^{-2}$ |
| Magnetischer Fluß | $\Phi$ | $[\Phi]$ | Weber | Wb | | | | „ | — | $[m]^{1/2}[l]^{1/2}$ | $[m]^{1/2}[l]^{3/2}[t]^{-1}$ |
| Elektrischer Strom | $I$ | $[Q][t]^{-1}$ | Ampere | A | | | | „ | — | $[m]^{1/2}[l]^{3/2}[t]^{-2}$ | $[m]^{1/2}[l]^{1/2}[t]^{-1}$ |

|  | | | Coulomb/Quadratmet. | | | | | [m]$^{1/2}$ [l]$^{-3/2}$ |
|---|---|---|---|---|---|---|---|---|
|  | | | Weber/Quadratmeter | | | | | [m]$^{1/2}$ [l]$^{-1/2}$ [t]$^{-1}$ |
| Elektr. Verschiebung | $\mathfrak{D}$ | [Q] [l]$^{-2}$ | C/m² | [m $^{1/2}$ [l]$^{-1/2}$ [t]$^{-1}$ | " | " | — |  |
| Magnet. Feldstärke | $\mathfrak{H}$ | [Φ] [l]$^{-2}$ | Wb/m² | [m]$^{1/2}$ [l]$^{-3/2}$ | " | " | — |  |
| Elektr. Widerstand | $R$ | [Q]$^{-1}$ [Φ] | Ohm | Ω | [l]$^{-1}$ [t] | Elektrostat. Einheit | — | [l] [t]$^{-1}$ |
| Elektr. Leitwert | $G$ | [Q] [Φ]$^{-1}$ | Siemens | S | [l] [t]$^{-1}$ | " | — | [l]$^{-1}$ [t] |
| Induktivität | $L$ | [Q]$^{-1}$ [Φ] [t] | Henry | H | [l]$^{-1}$ [t]² | " | — | [l] |
| Kapazität | $C$ | [Q] [Φ]$^{-1}$ [t] | Farad | F | [l] | Zentimeter | cm | [l]$^{-1}$ [t]² |
| Dielektrizitätskonstante | $\varepsilon$ | [Q][Φ]$^{-1}$[l]$^{-1}$[t] | $\dfrac{\text{As}}{\text{Vm}}$ | — | 1 | 1 | — | [l]$^{-2}$ [t]² |
| Permeabilität | $\mu$ | [Q]$^{-1}$[Φ][l]$^{-1}$[t] | $\dfrac{\text{Vs}}{\text{Am}}$ | — | [l]$^{-2}$ [t]² | Elektrostat. Einheit | — | 1 |
| Lichtgeschwindigkeit | $c$ | $= 2{,}99776 \cdot 10^8 \text{ ms}^{-1}$ | | | $= 2{,}99776 \cdot 10^{10}$ cm s$^{-1}$ | | | $= 2{,}99$ |
| Influenzkonstante | $\varepsilon_0$ | $= \dfrac{1}{4\pi c^2} = 8{,}859 \cdot 10^{-12} \dfrac{\text{As}}{\text{Vm}}$ | | | $= 1$ | | | $= \dfrac{1}{c^2} =$ |
| Induktionskonstante | $\mu_0$ | $= 4\pi \cdot 10^7 \dfrac{\text{Vs}}{\text{Am}} = 1{,}256 \cdot 10^{-6} \dfrac{\text{Vs}}{\text{Am}}$ | | | $= \dfrac{1}{c^2} = 1{,}1127 \cdot 10^{-21} \text{ s}^2 \text{ cm}^{-2}$ | | | |

Oberdorfer, Maßsystem

## der wichtigsten Gesetze

### Schreibweise im

| Elektrostatisches Maßsystem | Elektromagnet. Maßsystem | Gaußschen Maßsystem |
|---|---|---|
| $P = \dfrac{Q_1 Q_2}{\varepsilon\, r^2}$ | $P = c^2 \dfrac{Q_1 Q_2}{\varepsilon\, r^2}$ | $P = \dfrac{Q_1 Q_2}{\varepsilon\, r^2}$ |
| $\mathfrak{D} = \varepsilon\, \mathfrak{E}$ ; $[\mathfrak{D}] = [\mathfrak{E}]$ | $\mathfrak{D} = \dfrac{1}{c^2}\, \varepsilon\, \mathfrak{E}$ ; $[\mathfrak{D}] = [\mathfrak{E}]$ | $\mathfrak{D} = \varepsilon\, \mathfrak{E}$ ; $[\mathfrak{D}] = [\mathfrak{E}]$ |
| $C = \dfrac{\varepsilon}{4\pi}\, \dfrac{F}{d}$ | $C = \dfrac{1}{c^2}\, \dfrac{\varepsilon}{4\pi}\, \dfrac{F}{d}$ | $C = \dfrac{\varepsilon}{4\pi}\, \dfrac{F}{d}$ |
| $C = \varepsilon\, \dfrac{R_a R_i}{R_a - R_i}$ | $C = \dfrac{\varepsilon}{c^2}\, \dfrac{R_a R_i}{R_a - R_i}$ | $C = \varepsilon\, \dfrac{R_a R_i}{R_a - R_i}$ |
| $C = \varepsilon\, R$ | $C = \dfrac{\varepsilon}{c^2}\, R$ | $C = \varepsilon\, R$ |
| $U = -L\, \dfrac{dI}{dt}$ ; $L = \dfrac{\Phi}{I}$ | $U = -L\, \dfrac{dI}{dt}$ ; $L = \dfrac{\Phi}{I}$ | $U = -\dfrac{1}{c^2}\, L\, \dfrac{dI}{dt}$ ; $L = c\, \dfrac{\Phi}{I}$ |
| $W_{1e} = \dfrac{\varepsilon}{8\pi}\, \mathfrak{E}^2 = \dfrac{\mathfrak{E}\mathfrak{D}}{8\pi}$ | $W_{1e} = \dfrac{1}{c^2}\, \dfrac{\varepsilon}{8\pi}\, \mathfrak{E}^2 = \dfrac{\mathfrak{E}\mathfrak{D}}{8\pi}$ | $W_{1e} = \dfrac{\varepsilon}{8\pi}\, \mathfrak{E}^2 = \dfrac{\mathfrak{E}\mathfrak{D}}{8\pi}$ |
| $P = \dfrac{m_1 m_2}{\ldots}$ | $P = \dfrac{m_1 m_2}{\ldots}$ | $P = \dfrac{m_1 m_2}{\ldots}$ |

|  |  |  |
|---|---|---|
| $\mathfrak{H} = 2\dfrac{I}{r}$ | $\mathfrak{H} = 2\dfrac{I}{r}$ | $\mathfrak{H} = \dfrac{I}{cr}$ |
| $\oint \mathfrak{H}\,ds = 4\pi\Sigma I$ | $\oint \mathfrak{H}\,ds = 4\pi\Sigma I$ | $\oint \mathfrak{H}\,ds = \dfrac{4\pi}{c}\Sigma I$ |
| $\mathfrak{II} = \dfrac{M}{c^3}\mathfrak{H}I$ | $P = \mathfrak{B}\mathfrak{II} = M\mathfrak{H}\mathfrak{II}$ | $P = \dfrac{1}{c}\mathfrak{B}\mathfrak{II} = \dfrac{M}{c}\mathfrak{H}\mathfrak{II}$ |
| $\mathfrak{H} = \dfrac{I\,dl}{r^2}$ | $d\mathfrak{H} = \dfrac{I\,dl}{r^2}$ | $d\mathfrak{H} = \dfrac{1}{c}\dfrac{I\,dl}{r^2}$ |
| $\dfrac{2M}{c^2}\dfrac{I_1 I_2}{d}l$ | $P = 2M\dfrac{I_1 I_2}{d}l$ | $P = \dfrac{2M}{c^2}\dfrac{I_1 I_2}{d}l$ |
| $\dfrac{M}{8\pi c^2}\mathfrak{H}^2 = \dfrac{\mathfrak{B}\mathfrak{H}}{8\pi}$ | $W_{1m} = \dfrac{M}{8\pi}\mathfrak{H}^2 = \dfrac{\mathfrak{B}\mathfrak{H}}{8\pi}$ | $W_{1m} = \dfrac{M}{8\pi}\mathfrak{H}^2 = \dfrac{\mathfrak{B}\mathfrak{H}}{8\pi}$ |
| $4\pi\varkappa\mathfrak{E} + \mathrm{E}\dfrac{\partial\mathfrak{E}}{\partial t}$ | $\mathrm{rot}\,\mathfrak{H} = 4\pi\varkappa\mathfrak{E} + \mathrm{E}\dfrac{\partial\mathfrak{E}}{\partial t}$ | $\mathrm{rot}\,\mathfrak{H} = \dfrac{4\pi}{c}\varkappa\mathfrak{E} + \dfrac{\mathrm{E}}{c}\dfrac{\partial\mathfrak{E}}{\partial t}$ |
| $\dfrac{\partial\mathfrak{B}}{\partial t} = -\dfrac{M}{c^2}\dfrac{\partial\mathfrak{H}}{\partial t}$ | $\mathrm{rot}\,\mathfrak{E} = -\dfrac{\partial\mathfrak{B}}{\partial t} = -M\dfrac{\partial\mathfrak{H}}{\partial t}$ | $\mathrm{rot}\,\mathfrak{E} = -\dfrac{1}{c}\dfrac{\partial\mathfrak{B}}{\partial t} = -\dfrac{M}{c}\dfrac{\partial\mathfrak{H}}{\partial t}$ |
| $= \dfrac{[\mathfrak{E}\mathfrak{H}]}{4\pi}$ | $\mathfrak{S} = \dfrac{[\mathfrak{E}\mathfrak{H}]}{4\pi}$ | $\mathfrak{S} = c\dfrac{[\mathfrak{E}\mathfrak{H}]}{4\pi}$ |
| $= \sqrt{\dfrac{1}{\mu_0}}$ | $c = \dfrac{1}{\sqrt{\varepsilon_0}}$ | $c = c$ |

Springer-Verlag in Wien

## Tafel II. Schreibweise

| Gesetz | Größengleichung | Elektrosta... |
|---|---|---|
| Priestleysches Gesetz | $P = \dfrac{1}{4\pi\varepsilon} \dfrac{Q_1 Q_2}{r^2} = \dfrac{1}{4\pi\varepsilon_0} \dfrac{Q_1 Q_2}{\varepsilon\, r^2}$ | P |
| — | $\mathfrak{D} = \varepsilon \mathfrak{E} = \varepsilon_0\, \varepsilon\, \mathfrak{E}$ | $\mathfrak{D} = \varepsilon\, \mathfrak{E}$ |
| Plattenkondensator | $C = \varepsilon \dfrac{F}{d}$ | C |
| Kugelkondensator | $C = 4\pi\varepsilon \dfrac{R_a R_i}{R_a - R_i}$ | C = |
| Kapazität einer Kugel | $C = 4\pi\varepsilon R$ | |
| Selbstinduktion | $U = -L \dfrac{dI}{dt} \;;\; L = \dfrac{\Phi}{I}$ | $U = -$ |
| Energiedichte des elektrostatischen Feldes | $W_{1e} = \dfrac{\varepsilon}{2} \mathfrak{E}^2 = \dfrac{\mathfrak{E}\mathfrak{D}}{2}$ | $W_{1e} =$ |
| Coulombsches Gesetz | $P = \dfrac{1}{\quad} \dfrac{m_1 m_2}{\quad} = \dfrac{1}{\quad} \dfrac{m_1 m_2}{\quad}$ | P |

| | | |
|---|---|---|
| eines ∞ langen Stromleiters | $\mathfrak{H} = \dfrac{I}{2\pi r}$ | $\oint \mathfrak{H}\,d\mathfrak{s}$ |
| Durchflutungsgesetz | $\oint \mathfrak{H}\,d\mathfrak{s} = \Sigma I$ | $P =$ |
| Kraftgesetz | $P = \mathfrak{B} I l = \mu \mathfrak{H} I l$ | |
| Biot-Savartsche Regel | $d\mathfrak{H} = \dfrac{1}{4\pi}\dfrac{I\,dl}{r^2}$ | |
| Amperesches Gesetz | $P = \dfrac{\mu}{2\pi}\dfrac{I_1 I_2}{d}\,l$ | $P =$ |
| Energiedichte des magnetischen Feldes | $W_{1m} = \dfrac{\mu}{2}\mathfrak{H}^2 = \dfrac{\mathfrak{B}\mathfrak{H}}{2}$ | $W_{1m} =$ |
| Erste Maxwellsche Gleichung | $\operatorname{rot} \mathfrak{H} = \varkappa \mathfrak{E} + \varepsilon \dfrac{\partial \mathfrak{E}}{\partial t}$ | $\operatorname{rot} \mathfrak{H} =$ |
| Zweite Maxwellsche Gleichung*) | $\operatorname{rot} \mathfrak{E} = -\dfrac{\partial \mathfrak{B}}{\partial t} = -\mu\dfrac{\partial \mathfrak{H}}{\partial t}$ | $\operatorname{rot} \mathfrak{E} =$ |
| Poyntingscher Vektor | $\mathfrak{S} = [\mathfrak{E}\,\mathfrak{H}]$ | |
| Lichtgeschwindigkeit im Vakuum | $c = \dfrac{1}{\sqrt{\varepsilon_0 \mu_0}}$ | |

*) Aus drucktechnischen Gründen steht hier $\hat{\partial}$ an Stelle des partiellen Differentialzeichens.

Oberdorfer, Maßsystem

MIX
Papier aus verantwortungsvollen Quellen
Paper from responsible sources
FSC® C105338

If you have any concerns about our products,
you can contact us on
**ProductSafety@springernature.com**

In case Publisher is established outside the EU,
the EU authorized representative is:
**Springer Nature Customer Service Center GmbH
Europaplatz 3, 69115 Heidelberg, Germany**

Printed by Libri Plureos GmbH
in Hamburg, Germany